Dr. A. Jayaprakash
Mr. R. Jumail Ahamed

AVALIAÇÃO DAS PROPRIEDADES FÍSICO-QUÍMICAS DAS ÁGUAS SUBTERRÂNEAS EM TIRUPATTUR

ÍNDICE

1. INTRODUÇÃO 2

2. REVISÃO DA LITERATURA 4

3. MATERIAIS E MÉTODOS...22

4. RESULTADOS E DISCUSSÃO...33

5. CONCLUSÃO 46

REFERÊNCIAS 47

1. INTRODUÇÃO

De acordo com a Organização Mundial de Saúde, a falta de saneamento, a água contaminada ou a falta de acesso à água são responsáveis por cerca de 80% de todas as doenças e enfermidades no mundo. A estimativa do teor de TDS (Total de Sólidos Dissolvidos) da água é um método comum para determinar a sua limpeza. Dependendo da fonte, o TDS contém bactérias, vírus, fluoreto, chumbo, crómio, perclorato e iões inorgânicos como o magnésio mineral, potássio, cálcio, sódio, bicarbonatos, cloretos e sulfatos. Atualmente, a água contém mais contaminantes nocivos, como bactérias, vírus e vários outros poluentes, do que minerais saudáveis, o que a torna bastante contaminada. Níveis elevados de TDS tornam os alimentos impróprios para ingestão e aumentam o risco de várias doenças, incluindo enjoos, irritação dos pulmões, erupções cutâneas, vómitos e tonturas. O consumo a longo prazo de água com um nível elevado de TDS expõe o corpo a uma variedade de toxinas e químicos, o que aumenta o risco de desenvolver doenças crónicas como o cancro, doenças do fígado, dos rins e do sistema nervoso, bem como uma imunidade enfraquecida e defeitos congénitos nos fetos. De acordo com vários estudos, beber água com baixo TDS pode levar as células saudáveis do corpo a perder minerais. Não só o flúor e os TDS elevados, mas também o aumento da atividade antropogénica têm impacto na qualidade da água, e qualquer poluição física ou química afecta a qualidade da massa de água recetora. Em todo o mundo, a água potável contém contaminantes químicos que podem ser perigosos para a saúde humana.

O peixe-zebra é uma espécie de peixe teleósteo da família Cyprinidae que vive em água doce em zonas quentes. É um peixe decorativo comum, originário do Nepal, do Bangladesh e da Índia. É minúsculo e só atinge um comprimento máximo de 5 centímetros. Esta espécie adapta-se frequentemente às variações de temperatura e de pH do ambiente.

graves. Uma vez que a água subterrânea faz parte do ciclo hidrológico, os contaminantes existentes noutras partes do ciclo, como a atmosfera ou massas de água de superfície, podem eventualmente ser transferidos para as nossas reservas de água subterrânea.

Um requisito básico para uma saúde excelente e um direito humano fundamental é o acesso a água potável. Muitas regiões do globo já têm reservas limitadas de água doce. No próximo século, o abastecimento de água doce tornar-se-á ainda mais limitado devido ao aumento da população, ao desenvolvimento e às alterações climáticas. Uma vez que uma grande parte da Índia é constituída por zonas semiáridas e com pouca chuva, a nação está fortemente dependente das águas subterrâneas para sustentar a sua economia e população em expansão. Desde 1980, o aumento dos subsídios à eletricidade dos agricultores também aumentou significativamente a bombagem de águas subterrâneas para irrigação, sendo que as águas subterrâneas constituem atualmente mais de sessenta por cento da água utilizada para irrigação e oitenta e cinco por cento de todas as fontes rurais de água potável na Índia. As medições por satélite mostraram também que os recursos de água subterrânea estão a ser cronicamente sobreexplorados e drasticamente esgotados. As áreas de solo ribeirinho das planícies do Ganges, onde as profundidades das águas subterrâneas são tipicamente inferiores a 10 m, e os aquíferos de rocha dura noutros locais, onde as profundidades das águas subterrâneas podem exceder 60 m, são os dois principais tipos de aquíferos na Índia. Dado que as águas subterrâneas são cruciais para a capacidade de abastecimento de água da Índia, tanto a sua disponibilidade como a sua qualidade devem ser objeto de grande atenção. Vários poluentes químicos orgânicos, ou geogénicos, podem constituir um problema, embora as águas subterrâneas estejam normalmente isentas da contaminação microbiana que é comum nas águas superficiais. O flúor é um dos mais significativos na Índia.

As águas subterrâneas podem ficar contaminadas com flúor (F-) devido a reacções geoquímicas com minerais que contêm flúor, como o piroxénio, as micas, a hornblenda e a apatite, em sedimentos e rochas, bem como devido à precipitação atmosférica. O flúor é o décimo terceiro elemento mais comum na crosta terrestre. Os minerais com baixa composição de cálcio ou as águas subterrâneas alcalinas com predominância de bicarbonato de sódio estão frequentemente associados a quantidades elevadas de fluoreto nas águas subterrâneas. O tempo de residência da água subterrânea, factores climáticos como a evapotranspiração e a humidade, e o pH do solo e o tipo de solo podem ter um impacto na dissolução do flúor. O flúor é tipicamente absorvido por rochas carbonatadas, e descobriu-se que as concentrações de flúor observadas estão inversamente correlacionadas com o pH do solo. Devido ao aumento associado dos solos alcalinos e sódicos, foi demonstrado que a irrigação aumenta os níveis de fluoreto nas águas subterrâneas. As fontes de origem humana, como a utilização de adubos químicos à base de fosfatos, que frequentemente têm elevadas concentrações de flúor, também podem ter um impacto. Em todas as regiões habitadas do mundo, as águas subterrâneas têm elevadas concentrações de fluoreto. Desde o início do século XX, têm sido observadas na Índia quantidades elevadas de fluoreto nas águas subterrâneas. Desde então, numerosas investigações adicionais encontraram concentrações elevadas de flúor no noroeste, sul e leste, que incluem as Planícies Gangetic.

2.1. TDS (Total de sólidos dissolvidos)

TDS significa Total de Sólidos Dissolvidos e refere-se à concentração total de substâncias dissolvidas na água potável. O TDS inclui sais inorgânicos e também uma pequena quantidade de matéria orgânica. Os sais inorgânicos são constituídos por catiões com carga positiva (cálcio, magnésio, potássio e sódio) e aniões com carga negativa (carbonatos, nitratos, bicarbonatos, cloretos e sulfatos). O nível de TDS é a quantidade de sólidos totais dissolvidos presentes na água. O TDS na água potável tem origem em locais como fontes naturais, esgotos, escoamentos urbanos, águas residuais industriais, produtos químicos no processo de tratamento da água, fertilizantes químicos utilizados no jardim e canalizações. A água é um solvente universal e capta facilmente as impurezas, podendo absorver e dissolver rapidamente estas partículas. Embora níveis elevados de TDS na água potável não constituam um perigo para a saúde, conferem à água um sabor amargo, salgado ou salobro. O cálcio e o magnésio, dois minerais normalmente encontrados no TDS, também podem causar dureza na água, formação de incrustações e manchas.

2.1.1. Tabela de níveis de TDS para água potável

TDS na água (medido em PPM)	Adequação para água potável
Entre 50-150	Excelente para beber
150-250	Bom
250-300	Justo
300-500	Pobre, não é bom para beber
Acima de 1200	Inaceitável

Níveis elevados de TDS tornam os alimentos impróprios para ingestão e aumentam o risco de várias doenças, incluindo náuseas, irritação pulmonar, erupções cutâneas, vómitos e tonturas. O consumo a longo prazo de água com um nível elevado de TDS expõe o corpo a uma variedade de toxinas e químicos, o que aumenta o risco de desenvolver doenças crónicas como o cancro, doenças do fígado, dos rins e do sistema nervoso, bem como uma imunidade enfraquecida e defeitos congénitos nos fetos. De acordo com vários estudos, beber água com baixo TDS pode fazer com que as células saudáveis do corpo percam minerais.

2.2. Qualidade das águas subterrâneas

A água é um solvente e dissolve os minerais das rochas com que entra em contacto. A água subterrânea pode conter minerais e gases dissolvidos que lhe dão o sabor picante apreciado por muitas pessoas. Sem estes minerais e gases, a água teria um sabor a seco. As substâncias minerais dissolvidas mais comuns são o sódio, o cálcio, o magnésio, o potássio, o cloreto, o bicarbonato e o sulfato. Em química da água, estas substâncias são designadas por constituintes comuns.

Normalmente, a água não é considerada desejável para beber se a quantidade de minerais dissolvidos exceder 1.000 mg/L (miligramas por litro). A água com alguns milhares de mg/L de minerais dissolvidos é classificada como ligeiramente salina, mas é por vezes utilizada em zonas onde não existe água menos mineralizada. A água de alguns poços e nascentes contém concentrações muito elevadas de minerais dissolvidos e não pode ser tolerada por seres humanos e outros animais ou plantas. Muitas partes da Nação estão cobertas em profundidade por água subterrânea altamente salina que tem apenas utilizações muito limitadas.

Os constituintes minerais dissolvidos podem ser perigosos para animais ou plantas em grandes concentrações; por exemplo, demasiado sódio na água pode ser prejudicial para pessoas com problemas cardíacos. O boro é um mineral que é bom para as plantas em pequenas quantidades, mas é tóxico para algumas plantas em concentrações ligeiramente maiores.

A água que contém uma grande quantidade de cálcio e magnésio é considerada dura. A dureza da água é expressa em termos da quantidade de carbonato de cálcio - o principal constituinte do calcário - ou de minerais equivalentes que se formariam se a água se evaporasse. A água é considerada macia se contiver de 0 a 60 mg/L de dureza, moderadamente dura de 61 a 120 mg/L, dura entre 121 e 180 mg/L e muito dura se contiver mais de 180 mg/L. A água muito dura não é desejável para muitas utilizações domésticas; deixará um depósito escamoso no interior das tubagens, caldeiras e tanques. A água dura pode ser amaciada a um custo bastante razoável, mas nem sempre é desejável remover todos os minerais que tornam a água dura. A água extremamente macia é suscetível de corroer metais, embora seja preferível para lavar roupa, loiça e banho.

A água subterrânea, especialmente se a água for ácida, contém em muitos locais quantidades excessivas de ferro. O ferro provoca manchas avermelhadas nas canalizações e na roupa. Tal como a dureza, o teor excessivo de ferro pode ser reduzido através de tratamento. Um teste à acidez da água é o pH, que é uma medida da concentração de iões de hidrogénio. A escala de pH varia de 0 a 14. Um pH de 7 indica uma água neutra; superior a 7, a água é básica; inferior a 7, é ácida. Uma variação de uma unidade no pH representa uma diferença de 10 vezes na concentração de iões de hidrogénio. Por exemplo, a água com um pH de 6 tem 10 vezes mais iões de hidrogénio do que a água com um pH de 7. A água que é básica pode formar incrustações; a água ácida pode corroer.

Nos últimos anos, o crescimento da indústria, da tecnologia, da população e da utilização da água aumentou a pressão sobre os nossos recursos terrestres e hídricos. A nível local, a qualidade das águas subterrâneas tem vindo a degradar-se. Os resíduos municipais e industriais, bem como os fertilizantes químicos, os herbicidas e os pesticidas não devidamente contidos, entraram no solo, infiltraram-se em alguns aquíferos e degradaram a qualidade das águas subterrâneas. Outros problemas de poluição incluem fugas de esgotos, funcionamento deficiente de fossas sépticas e lixiviados de aterros sanitários. Em algumas zonas costeiras, a bombagem intensiva de água doce subterrânea provocou a intrusão de água salgada nos aquíferos de água doce.

2.3. Peixe-zebra (Danio rerio)

O peixe-zebra (*Danio rerio*) é um peixe teleósteo da família Cyprinidae que vive em água doce tropical. É normal no Bangladesh, no Nepal e na Índia e é predominantemente vendido como um peixe elaborado (poon KL *et al.*, 2013). Tem um tamanho pequeno e atinge até 5 centímetros de comprimento. Desde que a espécie foi utilizada pela primeira vez como modelo experimental, em 1955, consolidou-se como organismo modelo para a biologia, a genética, a farmacologia e a investigação biomédica em geral. A espécie adapta-se frequentemente às mudanças de temperatura e pH do ambiente. O rápido ciclo de vida do zebrafish (a fase adulta atingiu cerca de 6 meses), a alta fecundidade (centenas de ovos são depositados em cada acasalamento), a transparência dos estágios embrionários e larvais, o que facilita a observação do desenvolvimento, o baixo custo de manutenção e a facilidade de manuseio são algumas das razões pelas quais seu uso em laboratórios tem crescido tão rapidamente (dos santos VF *et al.*, 2016). Requer uma quantidade relativamente pequena do composto que está a ser testado devido ao seu pequeno tamanho e baixo peso corporal, o que é uma excelente vantagem na investigação (Huang SY *et al.*, 2014). Apesar da sua distância filogenética, o peixe-zebra e os seres humanos partilham aproximadamente 70% do seu material genético (Howe K *et al.*, 2013). Por conseguinte, é considerado um instrumento fiável para a investigação pré-clínica. Em farmacologia, a determinação da toxicidade do composto testado é uma etapa essencial dos estudos pré-clínicos, uma vez que servirá de base para os ensaios clínicos em seres humanos. O peixe-zebra vem sendo considerado para exames toxicológicos, tanto de misturas controladas quanto daquelas presentes no clima, devido à sua reação fisiológica e elementos histológicos comparáveis aos de seres de sangue quente, possivelmente diminuindo a quantidade de roedores utilizados na rotina laboratorial (dos santos VF *et al.*, 2016).

2.3.1. O peixe-zebra como modelo animal para a investigação biomédica

Para utilização em estudos genéticos como modelo animal, o peixe-zebra foi inicialmente introduzido por Streisinger e colegas (Streisinger *et al.*, 1981) no início da década de 1980. A mutagénese em larga escala da N-etil-N-nitrosoureia (ENU) foi realizada em combinação com um extenso rastreio fenotípico (Grunwald *et al.*, 1992) (Kimmel *et al.*, 1989). Foi efectuada uma caraterização fenotípica adicional destas mutações ENU na maioria dos principais sistemas de órgãos (Haffter, P. *et al.*, 1996). No entanto, a clonagem posicional posterior de cada mutação ENU após um rastreio genético direto foi morosa e laboriosa (Kim, C. H. *et al* 2000). Desde o aumento da resolução do mapa do genoma do peixe-zebra, as tecnologias avançadas de seleção de genes envolvendo ZFNs, TALENs e CRISPR/Cas9(Doyon, Y. *et al* 2008)(Meng, X *et al.*, 2008)(Bedell, V. M. *et al* 2012)(Hsu, P. D *et al.*, 2014)(Jinek, M. *et al* 2012)(Mali, P. *et al* 2013)(Varshney, G. K *et al.*, 2015) superaram os desafios na geração de mutações específicas de bloqueio de genes. O CRISPR/Cas9 utiliza uma abordagem genética inversa eficiente para fornecer animais knockout aos investigadores de peixe-zebra (Sung, Y. H. *et al.*, 2014). Além disso, o elevado nível de estrutura do genoma partilhado entre o peixe-zebra e os seres humanos (~70% dos genes humanos têm pelo menos um ortólogo óbvio do peixe-zebra, em comparação com 80% dos genes humanos com ortólogos do rato) (Postlethwait, J. H. *et al.*, 1998) (Howe, K. *et al.*, 2013) facilitou a utilização do peixe-zebra para compreender as doenças genéticas humanas. Os recentes avanços na sequenciação de nova geração (NGS), juntamente com a procura de medicina personalizada, impulsionaram ainda mais a utilização do peixe-zebra na identificação de relações causais entre o genótipo e o fenótipo de várias doenças humanas.

Além disso, o peixe-zebra tem várias vantagens sobre os modelos de roedores no estudo do desenvolvimento e das doenças dos vertebrados. Estas incluem centenas de embriões numa única ninhada e clareza ótica do embrião em desenvolvimento, o que permite a obtenção de imagens ao vivo ao nível do organismo(Shin, J. T. & Fishman, M. C 2002)(Lieschke, G. J. & Currie, P. D. 2007) Além disso, a utilização de animais transgénicos específicos de tecidos pode ser facilmente gerada sob o controlo de vários promotores de genes selecionados. A recente melhoria do sistema transgénico baseado em Tol2 no peixe-zebra(Kwan, K. M. *et al.*, 2007) permitiu o controlo da expressão genética de uma forma espácio-temporal através do acoplamento com elementos reguladores como GAL4/UAS ou Cre/LoxP(Halpern, M. E. *et al.*, 2008)(Langenau, D. M. *et al.*, 2005) Estas vantagens permitem a imagiologia em direto das células e o rastreio da dinâmica celular in vivo para estudar os mecanismos moleculares subjacentes de vários órgãos em desenvolvimento.

A necessidade de um organismo modelo para recapitular os sintomas metabólicos e o desenvolvimento de doenças associadas nos seres humanos levou à exploração de várias espécies animais, entre as quais os roedores têm sido amplamente utilizados. Nas últimas décadas, os ratinhos têm sido o principal modelo animal experimental no domínio da investigação biomédica, devido às poderosas ferramentas genéticas, aos parâmetros de diagnóstico comparáveis aos dos seres humanos e aos protocolos normalizados para o desenvolvimento, diagnóstico e tratamento de síndromes metabólicas. No entanto, factores intrinsecamente diferentes dos dos seres humanos, tais como requisitos dietéticos, estilo de vida e microbiomas, exigiram a utilização de sistemas de modelos animais alternativos em paralelo (Santoro, M. M 2014). O peixe-zebra é um modelo animal fascinante para compreender a patogénese humana das doenças metabólicas e identificar potenciais opções terapêuticas (Santoro, M. M 2014). No entanto, todos os modelos animais têm deficiências únicas, e o modelo do peixe-zebra não é exceção: em primeiro lugar, o peixe-zebra é um animal poiquilotérmico que vive debaixo de água. No entanto, o peixe-zebra possui caraterísticas metabólicas semelhantes às dos seres humanos para complementar os dados obtidos a partir de outros organismos modelo, incluindo os roedores. Esta possibilidade foi claramente demonstrada em estudos recentes(Nakayama, H. *et al.*, 2020)(Misselbeck, K. *et al.*, 2019)(Asaoka, Y. *et al.*, 2013)(Nakayama, H. *et al.*, 2018) em que medicamentos aprovados para aliviar síndromes metabólicas em humanos foram também eficazes num modelo de peixe-zebra.

2.4. Histopatologia

A histopatologia pode ser utilizada para avaliar a segurança de substâncias potencialmente bioactivas porque os órgãos do peixe-zebra são sensíveis a substâncias nocivas (Carvalho JCT *et al.*, 2018). Como resultado, as alterações teciduais podem ser usadas para determinar como um composto testado pode ser tóxico para os animais; Para conseguir isso, é essencial selecionar os órgãos mais adequados para avaliação (Heath AG et al., 2018).

O fígado e o rim são os principais órgãos responsáveis pela metabolização e excreção de xenobióticos. O fígado do peixe-zebra não possui as células de Kupffer, responsáveis pela fagocitação de corpos estranhos, e apresenta hepatócitos desorganizados (Menke AL *et al.*, 2013). A presença de hepatócitos e os principais processos fisiológicos que estes realizam através da ação do citocromo P450, por exemplo, permite comparar as lesões hepáticas causadas por compostos nocivos em humanos (Vliegenthart ADB *et al.*, 2014) apesar destas diferenças estruturais.

Os tecidos linfoide, endócrino e hematopoiético dos rins estão presentes. Este último é responsável pela execução das funções da medula óssea, que o peixe-zebra não possui. Os compostos que foram previamente metabolizados no fígado são excretados pelos rins como parte do processo de filtração renal. A histopatologia pode ser comparada com a dos mamíferos porque os glomérulos e a função renal do peixe-zebra são comparáveis aos dos mamíferos (Borges RS *et al.*, 2018).

Para avaliar a toxicidade ambiental, o peixe-zebra é um excelente modelo (Scholz S *et al.*, 2008). Nestes exames, as misturas possivelmente venenosas presentes na água são rapidamente consumidas através das brânquias. Uma vez que os peixes absorvem os compostos por imersão, as brânquias são um órgão essencial para a histopatologia. O equilíbrio osmótico, a excreção de azoto e o equilíbrio ácido-base dos peixes adultos são todos regulados de forma crucial pelas brânquias, que também efectuam trocas gasosas.

À semelhança dos mamíferos, o peixe-zebra tem uma camada mucosa de tecido epitelial colunar simples no seu trato gastrointestinal que é formada por enterócitos dispostos à volta das vilosidades. A porção anterior do intestino, o bolbo intestinal, substitui o estômago nas suas funções de digestão e absorção de nutrientes, apesar da sua ausência. Como resultado, a histopatologia do intestino pode ser um método útil para determinar se as substâncias administradas por via oral são seguras (Carvalho JCT *et al.*, 2018). A ausência de criptas de Lieberkuhn e células de Paneth é outra distinção do trato gastrointestinal dos mamíferos.

2.4.1. A histopatologia como instrumento de avaliação da toxicidade no peixe-zebra adulto

A toxicidade é o potencial de um composto químico para causar danos a um organismo. A duração da exposição, os mecanismos de transporte e a interação com o local-alvo desempenham um papel importante no efeito tóxico. Os ensaios de toxicidade são um método para compreender o impacto dos agentes químicos num organismo vivo (de souza GC *et al.*, 2016). Um passo crucial na avaliação pré-clínica de novos medicamentos são os ensaios de toxicidade; além disso, são utilizados na avaliação da toxicidade ambiental dos poluentes. Para tal, são necessários modelos animais capazes de extrapolar posteriormente os resultados para os seres humanos; consequentemente, o animal escolhido deve partilhar determinadas caraterísticas, como tecidos e respostas fisiológicas semelhantes.

A histopatologia é o estudo das alterações nos tecidos. Este método é útil para identificar compostos que possam prejudicar um órgão ou tecido específico (Heath AG *et al.*, 2018). O órgão de escolha é determinado pelo tipo de composto que está a ser investigado e pelo metabolismo do animal. A avaliação histopatológica pode ser bem efectuada com o modelo do peixe-zebra (Van Der Ven LTM *et al.*, 2006). Quando comparado com os seres humanos, a homologia genética e as caraterísticas conservadas podem ser alargadas a fenótipos de doenças para comparação (dos santos VF *et al.*, 2016). Em estudos toxicológicos, têm sido utilizadas as gónadas, a faringe, a tiroide, o intestino, o fígado, os rins, as brânquias e os músculos do peixe-zebra. Devido ao seu pequeno tamanho, o peixe-zebra pode ser utilizado em histopatologia porque permite a observação de vários órgãos numa única lâmina.

Os efeitos prejudiciais do tratamento crónico com bezafibrato na espermatogénese e na esteroidogénese das gónadas foram demonstrados pela histopatologia das gónadas do peixe-zebra. Os peixes-zebra machos receberam o medicamento bezafibrato, que é utilizado para baixar os níveis de colesterol nos seres humanos. O medicamento foi tomado por via oral. O exame histológico revelou degeneração testicular, o que pode ajudar-nos a compreender os perigos potenciais do uso prolongado de bezafibrato na diminuição da fertilidade humana (Velasco-santamaria YM *et al.*, 2011).

O tratamento a longo prazo com o extrato hidroetanólico de Acmella oleracea, também conhecida como "jamb", em peixes-zebra adultos foi igualmente avaliado utilizando as gónadas. Originária do norte do Brasil, esta planta é utilizada como afrodisíaco e é popular na culinária. Os resultados mostraram baixa intoxicação, confirmada por quase nenhuma alteração tecidual nos ovários e testículos (de souza GC *et al.*, 2019). A toxicidade do Streptomyces sp. foi examinada histopatologicamente utilizando o músculo do peixe-zebra. AKS2, que tem o potencial de matar *Klebsiella* sp., injetado intramuscularmente, não houve alterações no tecido, indicando baixa toxicidade. Este estudo pode indicar aplicações adicionais da histopatologia muscular em ensaios de toxicidade subsequentes (cheepurupalli L *et al.*, 2017).

A histopatologia da tireoide tem sido relatada com menos frequência em modelos de peixes, apesar de ser frequentemente usada para avaliar o efeito de compostos químicos no sistema endócrino. Schmidt et al. e (cheepurupalli L *et al.*, 2017) demonstraram a utilidade da histopatologia do tecido da tiroide do peixe-zebra em ensaios de toxicidade, afirmando que concentrações subletais de propiltiouracil e perclorato induziram alterações celulares nos tirocitos. Além disso, a fim de avaliar os efeitos tóxicos da exposição prolongada ao flúor no tecido da tiroide do peixe-zebra macho através da histopatologia, (Jianjie C *et al.*, 2016)

Nos estudos de toxicidade ambiental, as brânquias são essenciais para determinar a toxicidade dos compostos químicos suspensos na água. Quando as fêmeas de peixe-zebra foram expostas a nanopartículas de prata, registaram-se poucas alterações no tecido branquial (Jianjie C *et al.*, 2016). No entanto, as brânquias, as gónadas e os músculos foram afectados quando o urânio estava presente, indicando os perigos da contaminação com este elemento (Barillet S *et al.*, 2010).

As brânquias foram danificadas mesmo nas concentrações mais baixas num estudo que avaliou os efeitos tóxicos do tálio, um elemento químico que é maioritariamente libertado durante a combustão do carvão mineral e é facilmente incorporado no solo e na água (Hou LP *et al.*, 2017). As brânquias, a faringe e a mucosa intestinal do peixe-zebra exposto ao cloreto de cobalto sofreram alterações teciduais relevantes noutro estudo. De acordo com os autores, o peixe-zebra adulto pode servir como um modelo sólido para avaliar indicadores de toxicidade de produtos químicos (Hussainzada N *et al.*, 2014). Em geral, estes estudos mostram que a histopatologia das brânquias do peixe-zebra pode ser um modelo fiável para determinar se um produto químico é tóxico. Relativamente ao fígado, o peixe-zebra e os mamíferos superiores partilham semelhanças significativas nos aspectos mais fundamentais e nos mecanismos reguladores da hepatoxicidade (Hussainzada N *et al.*, 2014). O fígado é necessário para avaliar o metabolismo dos compostos xenobióticos devido à sua função nos animais.

O fígado e os rins do peixe-zebra foram danificados histologicamente após exposição prolongada ao fungicida boscalide (Qian L *et al.*, 2019). Isto dificultou o processamento de hidratos de carbono e lípidos pelos animais e impediu-os de se desenvolverem normalmente. Além disso, quando os peixes foram submetidos ao tris(1,3-dicloro-2-propil)fosfato (TDCPP) num estudo (Liu C *et al.*, 2016), o fígado dos animais aumentou de tamanho e sofreu alterações nos tecidos, indicando que este órgão é sensível e desempenha um papel na desintoxicação.

As alterações teciduais no fígado após exposição subaguda a fármacos como carbamazepina, ácido fenofíbrico, propranolol, sulfametoxazol e trimetoprima variaram de acordo com o sexo. Os fígados dos peixes machos tenderam a crescer e a apresentar mais alterações tecidulares, realçando a importância do controlo do género em estudos toxicológicos (Madureira TV *et al.*, 2012).

As fêmeas também podem ser utilizadas; num estudo (Madureira TV *et al.*, 2012), foi observada degeneração tecidular em fêmeas de peixe-zebra expostas a fluoreto de sódio (NaF). A exposição prolongada ao perfluorooctanossulfonato (PFOS) levou à acumulação de gotículas lipídicas no fígado de peixes-zebra machos e inibiu o crescimento das gónadas de peixes-zebra fêmeas, sugerindo a possibilidade de malformação em embriões de peixes expostos (Du Y *et al.*, 2009).

Tanto o intestino como o rim desempenham um papel na excreção de substâncias e são úteis para determinar a sua toxicidade. Por exemplo, os efeitos do cádmio ambiente e das nanopartículas de prata revestidas com citrato (Osborne OJ *et al.*, 2015) foram avaliados no intestino do peixe-zebra adulto (Renieri EA *et al.*, 2017). Este último mostrou uma resposta não linear aos efeitos tóxicos, indicando que os animais utilizados podem ter desenvolvido um mecanismo de defesa contra a toxicidade relacionada com a hormese.

O índice de alteração histológica (HAI) pode ser utilizado para medir as alterações nos tecidos dos órgãos do peixe-zebra. Esta técnica analisa as alterações normais dos tecidos à luz de uma lista de potenciais alterações ordenadas em três graus de gravidade. Devido à sua suscetibilidade a danos causados por substâncias tóxicas, o fígado, os rins e o intestino foram os alvos seguintes do método, que foi inicialmente desenvolvido para as brânquias (Vesna p *et al.*, 1994).

2.5. Número mais provável (NMP)

O Número Mais Provável (NMP) é utilizado para estimar a concentração de microrganismos viáveis numa amostra através da repetição do crescimento em caldo líquido em diluições de dez vezes. É normalmente utilizado na estimativa de populações microbianas em solos, águas e produtos agrícolas. O teste NMP é particularmente útil em amostras que contêm material particulado que interfere com o método de contagem de placas.

O NMP é mais frequentemente aplicado para testar a qualidade da água, ou *seja, para garantir que a água é segura ou não em termos de bactérias presentes na mesma.* Um grupo de bactérias normalmente designado por coliformes fecais actua como um indicador da contaminação fecal da água. A presença de muito poucas bactérias coliformes fecais indicaria que a água provavelmente não contém -organismos causadores de doenças-, enquanto a presença de um grande número de bactérias coliformes fecais indicaria uma probabilidade muito elevada de a água poder conter -organismos -produtores de doenças-, tornando-a não segura para consumo.

A água a testar é diluída em série e inoculada em caldo de lactose; os coliformes, se presentes na água, utilizam a lactose presente no meio para produzir ácido e gás. A presença de ácido é indicada pela mudança de cor do meio e a presença de gás é detectada como bolhas de gás recolhidas no tubo de Durham invertido presente no meio. O número de coliformes totais é determinado pela contagem do número de tubos com reação positiva *(ou seja, mudança de cor e produção de gás)* e pela comparação do padrão de *resultados* positivos *(o número de tubos com crescimento em cada diluição)* com tabelas estatísticas padrão.

2.6. Purificação da água

A purificação da água é o processo de remoção de produtos químicos indesejáveis, contaminantes biológicos, sólidos em suspensão e gases da água. O objetivo é produzir água que seja adequada para fins específicos. A maior parte da água é purificada e desinfectada para consumo humano (água potável), mas a purificação da água também pode ser efectuada para uma variedade de outros fins, incluindo aplicações médicas, farmacológicas, químicas e industriais. A história da purificação da água inclui uma grande variedade de métodos. Os métodos utilizados incluem processos físicos, como a filtração, a sedimentação e a destilação; processos biológicos, como os filtros lentos de areia ou o carvão biologicamente ativo; processos químicos, como a floculação e a cloração; e a utilização de radiação electromagnética, como a luz ultravioleta. A purificação da água pode reduzir a concentração de partículas, incluindo partículas em suspensão, parasitas, bactérias, algas, vírus e fungos, bem como reduzir a concentração de uma série de matérias dissolvidas e de partículas. As normas para a qualidade da água potável são normalmente estabelecidas pelos governos ou por normas internacionais. Estas normas incluem normalmente concentrações mínimas e máximas de contaminantes, dependendo da utilização prevista para a água. Uma inspeção visual não pode determinar se a água é de qualidade adequada. Procedimentos simples como a fervura ou a utilização de um filtro doméstico de carvão ativado não são suficientes para tratar todos os possíveis contaminantes que possam estar presentes na água de uma fonte desconhecida. Mesmo a água de nascente natural - considerada segura para todos os efeitos práticos no século XIX - deve agora ser testada antes de se determinar que tipo de tratamento é necessário, se for o caso. As análises químicas e microbiológicas, embora dispendiosas, são a única forma de obter a informação necessária para decidir sobre o método de purificação adequado.

2.6.1. Organismos envolvidos na purificação da água

Para além de reduzir a concentração de uma variedade de matéria dissolvida e de partículas, a purificação da água pode também reduzir a concentração de partículas em suspensão, parasitas, bactérias, algas, vírus e fungos. Os requisitos de qualidade da água potável são normalmente estabelecidos pelos governos ou por normas internacionais. Dependendo da utilização prevista para a água, estas normas incluem normalmente concentrações mínimas e máximas de contaminantes. Além disso, um componente importante dos procedimentos de tratamento de águas residuais são as bactérias anaeróbias. Estas facilitam a decomposição da matéria orgânica macromolecular em compostos mais simples através da fermentação do metano nas lamas de depuração.

3. MATERIAIS E MÉTODOS

3.1.Parâmetros físico-químicos das amostras de água subterrânea:

As amostras de águas subterrâneas foram colhidas em cinco regiões diferentes do distrito de Tirupattur, nomeadamente S1-Pachal; S2-Karupanur; S3-Pudhupet; S4-Adiyur e S5-Madavalam, durante o mês de outubro de 2022, e analisadas em relação a parâmetros físico-químicos como temperatura, pH, oxigénio dissolvido (ppt), sólidos dissolvidos (ppt), condutividade eléctrica (ms), salinidade (g de sal por litro) e fluoreto (ppt) utilizando o Water Quality Tester (HM Digital, Índia).

3.2. Histopatologia

O procedimento conhecido como "processamento de tecidos" refere-se aos passos dados para transformar o tecido humano ou animal, depois de este ter sido fixado, num estado em que possa ser incorporado numa cera histológica adequada e utilizado para o corte de secções num micrótomo. O processamento manual de tecidos pode ser efectuado, mas ao lidar com várias amostras, a utilização de uma máquina de processamento de tecidos automatizada (um "processador de tecidos") é mais conveniente e muito mais eficiente. Desde a sua introdução na década de 19401, estas ferramentas têm vindo a melhorar constantemente em termos de segurança, velocidade de processamento e qualidade, bem como na sua capacidade de lidar com um maior número de espécimes. Os dois principais tipos de processadores são: as máquinas de movimentação de tecidos (ou "mergulho e imersão"), em que os espécimes são movidos de um compartimento para outro para serem manuseados, e os tipos de troca de líquidos (ou "encapsulados"), em que os espécimes são mantidos numa câmara ou contador de ciclo solitário e os líquidos são aspirados para dentro e para fora, conforme necessário. Para acelerar e agilizar o processamento, a maioria dos actuais processadores de transferência de fluidos utiliza temperaturas elevadas, circulação eficiente de fluidos e ciclos de vácuo/pressão.

A maioria dos supervisores de laboratório sublinha a importância do processamento de tecidos para o seu pessoal. É importante salientar que a utilização de um plano de manuseamento incorreto ou a criação de uma mistura essencial (talvez na recarga ou sequenciação de reagentes de manuseamento) pode provocar o desenvolvimento de amostras de tecido que não podem ser separadas e, por conseguinte, não fornecem quaisquer dados minuciosos valiosos. Quando se trata de tecido humano de diagnóstico, em que toda a amostra foi processada ("all in"), isto pode ser desastroso. Não há tecido adicional. Não existe diagnóstico. No entanto, existe um paciente para o qual é necessária uma explicação. Ocasionalmente, os processadores de tecidos apresentam falhas mecânicas ou eléctricas, mas a maioria dos percalços de processamento em que os tecidos reais são comprometidos resultam de erro humano. Ao preparar uma processadora para qualquer processamento, é essencial enfatizar a importância da educação e formação adequadas para aqueles que realizam o processo.

3.2.1. Uma visão geral das etapas envolvidas no processamento de tecidos em secções de parafina

1. Obtenção de um espécime fresco

Haverá uma variedade de fontes de espécimes de tecidos frescos. É de notar que a sua remoção do doente ou do animal experimental pode facilmente causar danos. Após a dissecação, é essencial que sejam manuseados com cuidado e devidamente fixados o mais rapidamente possível. Se possível, a fixação deve ser efectuada no local de remoção, como o bloco operatório, ou imediatamente após o transporte para o laboratório.

2. Fixação

É utilizado um agente fixador líquido (fixador), como a solução de formaldeído (formalina), para imergir a amostra. Existe apenas um número limitado de reagentes que podem ser utilizados para fixação, uma vez que têm de possuir propriedades específicas que os tornam adequados para este fim. Os reagentes são utilizados para fixar o tecido, o que fará com que penetre lentamente no tecido e provoque alterações químicas e físicas que endurecem, preservam e protegem o tecido das etapas de processamento subsequentes 2. Por exemplo, métodos de coloração específicos só podem ser aplicados no futuro se determinados componentes do tecido mantiverem alguma reatividade química. O fixador mais utilizado para preservar os tecidos que serão processados para secções de parafina é a formalina, normalmente numa solução tamponada com fosfato. Idealmente, as amostras devem permanecer no fixador durante um período de tempo prolongado para permitir que as reacções químicas de fixação atinjam o equilíbrio (tempo de fixação). Isto permitirá que o fixador penetre em todas as partes do tecido. De um modo geral, isto implica que o exemplo deve ser fixado durante um período entre 6 e 24 horas. A etapa de fixação é normalmente a primeira estação num processador na maioria dos laboratórios.

Os espécimes podem ter de ser dissecados novamente após terem sido fixados, de modo a selecionar as partes certas para exame. Para separar os espécimes que serão processados dos outros espécimes, estes serão colocados em cassetes, que são pequenos cestos com perfurações, devidamente etiquetados. O tipo e as dimensões dos espécimes maiores e mais pequenos, o processador utilizado, os solventes escolhidos, as temperaturas dos solventes e outros factores influenciarão a duração do programa de processamento utilizado para processar os espécimes. O exemplo seguinte baseia-se num programa que pode ser utilizado com um processador rápido de tecidos Leica Peloris TM e que tem a duração de seis horas.

3. Desidratação

A maior parte da água numa amostra tem de ser removida antes de poder ser infiltrada com cera de parafina, porque a cera de parafina derretida é hidrofóbica (imiscível com a água). Normalmente, os espécimes são imersos numa série de concentrações crescentes de soluções de etanol (álcool) para este procedimento, até se obter álcool puro e sem água. Uma vez que o etanol é miscível com a água em qualquer proporção, o álcool substitui gradualmente a água na amostra. Para evitar a distorção excessiva dos tecidos, é utilizada uma série de concentrações crescentes.

Para espécimes com uma espessura inferior a 4 mm, uma sequência típica de desidratação seria:

1. Etanol a 70% 15 min
2. Etanol a 90% 15 min
3. Etanol a 100% 15 min
4. Etanol a 100% 15 min
5. Etanol a 100% 30 min
6. 100% etanol 45 min

Nesta altura, todos os resíduos de água (molecular) fortemente ligados devem ter sido removidos do provete, exceto um pequeno resíduo.

4. Desobstrução

Infelizmente, apesar do facto de o tecido já não conter água, continuamos a não conseguir penetrar nele com cera devido ao facto de o etanol e a cera serem largamente insolúveis. Por isso, temos de utilizar um solvente intermédio que seja completamente miscível com a cera de parafina e o etanol. Este dissolvente desalojará o etanol no tecido e, em seguida, este será arrancado pela parafina líquida. O reagente utilizado nesta fase do processo é designado por "agente de limpeza". Devido ao seu índice de refração relativamente elevado, muitos agentes de limpeza, mas não todos, conferem uma clareza ótica ou transparência ao tecido. É por esta razão que se optou pelo termo "descoloração". O agente de limpeza também desempenha um papel crucial na remoção de uma quantidade significativa de gordura do tecido, que de outra forma actua como uma barreira contra a infiltração de cera.

O xileno é um agente de limpeza comum, mas são necessárias muitas alterações para substituir completamente o etanol.

Para espécimes com uma espessura inferior a 4 mm, uma sequência típica de limpeza seria:

1. xileno 20 min
2. xileno 20 min
3. xileno 45 min

5. Infiltração de cera

Uma cera histológica adequada pode agora ser inserida no tecido. As ceras histológicas à base de parafina são as mais utilizadas, apesar de muitos outros reagentes terem sido avaliados e utilizados para este fim ao longo de muitos anos. A 60°C, uma cera típica é líquida e pode penetrar no tecido. Quando arrefece a 20°C, solidifica até atingir uma consistência que permite cortar secções de forma consistente. Estas ceras são uma combinação de vários aditivos, tais como resinas como o polietileno ou o estireno, e cera de parafina purificada. Deve valorizar-se o facto de estas definições de cera possuírem propriedades reais extremamente específicas que permitem separar os tecidos invadidos pela cera com uma espessura de cerca de 2 µm, moldar as tiras à medida que os segmentos são cortados no micrótomo e manter uma versatilidade adequada para nivelar completamente durante a flutuação num duche de água quente.

Um agrupamento de penetração regular para exemplos com espessura não superior a 4 mm seria

1. cera 30 min
2. cera 30 min
3. cera 45 min

6. Incorporação ou bloqueio

Depois de a cera ter revestido completamente a amostra, esta deve ser moldada num "bloco" que possa ser fixado num micrótomo para corte de secções. É utilizado um "centro de inclusão" para este passo, no qual a amostra é inserida num molde de cera fundida. O "plano de secção", uma consideração importante na histologia de diagnóstico e de investigação, é determinado pelo local onde a amostra é posicionada no molde. Depois de uma cassete e cera adicional serem adicionadas ao molde, este é colocado numa placa fria para solidificar. O bloco com a cassete anexada pode agora ser retirado do molde e é preparado para microtomia. É importante notar que os blocos de cera que contêm as amostras de tecido são extremamente estáveis e representam uma fonte importante de material de arquivo, se o processamento do tecido for efectuado de forma adequada.

A investigação e o diagnóstico baseados em tecidos dependem fortemente da utilização de colorações H&E especiais e de rotina. Estas colorações permitem que patologistas e investigadores altamente qualificados visualizem a morfologia (estrutura) dos tecidos ao microscópio ou procurem a presença ou prevalência de determinados tipos de células, estruturas ou mesmo microrganismos, como bactérias, colorindo secções de tecido que, de outra forma, seriam transparentes.

A coloração de hematoxilina e eosina (H&E) que é utilizada "por rotina" com todas as amostras de tecido no laboratório de histopatologia para revelar as estruturas e condições subjacentes do tecido é referida como "coloração de rotina". Durante muito tempo, muitos métodos de coloração alternativos diferentes foram referidos como "colorações especiais". Estes métodos são utilizados quando o H&E não fornece ao patologista ou ao investigador toda a informação necessária.

3.3. Coloração

1. O tipo de método de coloração utilizado neste processo utiliza os corantes hematoxilina e eosina.
2. A lâmina seca é mergulhada duas vezes na solução corante de hematoxilina e lavada em água destilada.
3. Em seguida, é mergulhado num reagente ácido-álcool e escorrido.
4. Em seguida, é mergulhada em corante de eosina e escorrida.
5. A lâmina é então mergulhada em álcool isopropílico e em xileno.
6. O xileno é drenado e, quando a lâmina estiver húmida, é aplicada a montagem DPX.
7. A lamela é colocada de forma a que não fiquem retidas bolhas de ar.
8. Em seguida, a lâmina é observada ao microscópio.

3.3.1. Preparação das manchas

Hematoxilina: é o reagente de coloração mais valioso utilizado em trabalhos histológicos. Funciona em conjunto com o alúmen, que actua como mordente. A hematoxilina contendo alúmen cora o núcleo de um azul claro transparente que rapidamente se torna vermelho na presença de ácido. Além disso, a coloração do citoplasma é removida mais rapidamente do que a dos núcleos quando a secção é tratada com uma solução ácida. Este passo é designado por diferenciação, uma vez que, durante este passo, o corante diferencia os núcleos do citoplasma. Após o tratamento com ácido, é necessária uma segunda solução para neutralizar o ácido. A contracorante utilizada é a eosina, que é captada por todos os tecidos, revelando a estrutura geral.

3.3.2. Composição

Cristal de hematoxilina (harris): 1g

Álcool 95% : 10 mL

Alúmen de amónio ou potassa: 20 g

Água destilada: 200 ml

Óxido de mercúrio : 0,5 g

3.3.3. Preparação:

Dissolver a eosina em água e adicionar esta solução ao álcool a 95% (1 parte de solução de eosina e 4 partes de álcool). À mistura final adicionar algumas gotas de ácido acético (0,4 ml). O ácido acético aumenta a intensidade da coloração da eosina. Quando estiver pronto a ser utilizado, o corante deve estar turvo: para o clarear, adicionar algumas gotas de ácido acético.

Dissolver a hematoxilina no álcool num almofariz com pilão. Dissolver o alúmen em água utilizando o calor. Misturar a solução de hematoxilina com a solução de alúmen enquanto esta última está quente. Levar à ebulição o mais rapidamente possível. Adicionar 0,5 g de óxido de mercúrio. A solução assume imediatamente uma cor púrpura escura. Logo que isso aconteça, retirar do lume e arrefecer o mais rapidamente possível num banho de água corrente da torneira. Depois de arrefecer, a solução está pronta a ser utilizada, após ter sido filtrada.

Eosina: é utilizada como contracorante, corando o citoplasma de vermelho-rosado.

3.3.4. Composição

Eosina y (solúvel em água) : 1 grama

Água destilada: 80 ml

Álcool a 95% : 320 mL

Ácido glacial: 0,4 ml

A coloração com hematoxilina e eosina (H&E) é frequentemente utilizada nos laboratórios de histopatologia, uma vez que proporciona ao patologista ou investigador uma visão muito pormenorizada do tecido. A coloração de hematoxilina e eosina (H&E) é frequentemente utilizada nos laboratórios de histopatologia. Ao colorir claramente as estruturas celulares, como o citoplasma, o núcleo, os organelos e os componentes extracelulares, consegue-se este objetivo. Um diagnóstico de doença baseado na organização (ou desorganização) das células e em quaisquer anomalias ou indicadores específicos nas células (tais como alterações nucleares típicas do cancro) pode frequentemente ser feito com a ajuda desta informação. Em todo o caso, embora sejam utilizadas técnicas de coloração de ponta, a coloração H&E enquadra efetivamente uma parte básica do quadro sintomático, uma vez que mostra a morfologia oculta do tecido, o que permite ao patologista/especialista decifrar com precisão a coloração de alto nível.

Todas as amostras num laboratório de histologia clínica são inicialmente coradas com H&E. As colorações especiais ou avançadas só são pedidas quando é necessária informação adicional para fornecer uma análise mais aprofundada, por exemplo, para distinguir entre dois tipos de cancro que são morfologicamente semelhantes. A maioria dos laboratórios clínicos utiliza sistemas totalmente automatizados e a coloração manual é atualmente pouco comum devido ao volume de coloração H&E necessário. Dois corantes constituem a coloração H&E: eosina e hematoxilina. Como os corantes coram vários componentes do tecido, esta combinação é utilizada. A hematoxilina produz uma cor azul-púrpura da mesma forma que um corante básico.

O núcleo da célula, que é constituído por ADN e nucleoproteínas, bem como os organelos que contêm ARN, como os ribossomas e o retículo endoplasmático rugoso, são corados por este corante. A eosina é um corante ácido que tem normalmente uma tonalidade rosa ou avermelhada. Colore o citoplasma, as paredes celulares e as fibras extracelulares, que são todas estruturas acidófilas.

3.5. Formação do biofiltro

Um consórcio de sete bactérias de bioremediação, constituído por *Pseudomonas* spp. (quatro espécies), *Bacillus* spp. (duas espécies) e *Achromobacter* sp. (uma espécie), é co-cultivado em caldo nutritivo a pH 7,0. As células co-cultivadas foram misturadas com alginato de sódio e tratadas com 0,1 $CaCl_2$ para formar esferas microencapsuladas. Os grânulos foram compactados numa coluna de vidro de 100 mm de diâmetro sobre várias camadas de carvão ativado (de casca de amendoim carbonizada) e quitosano de casca de caranguejo para formar um leito filtrante. O leito filtrante foi coberto com lã de vidro em cada extremidade dentro da coluna de água e congelado sob refrigeração para formar um leito de filtração bem compactado.

4. RESULTADOS E DISCUSSÃO

4.1. Parâmetros físico-químicos das amostras de água subterrânea:

As amostras de água subterrânea foram colhidas em cinco regiões diferentes do distrito de Tirupattur, nomeadamente S1-Pachal; S2-Karupanur; S3-Pudhupet; S4-Adiyur e S5-Madavalam, e analisadas quanto aos parâmetros físico-químicos. A amostra S3, recolhida na região de Pudhupet, tinha um TDS (Total de Sólidos Dissolvidos) elevado, superior a 1800 (Quadro 1). O pH da amostra de água era de 7,8, o oxigénio dissolvido era de 0,8 ppt, os sólidos dissolvidos eram cerca de 1,91, a condutividade eléctrica era de 2,64 ms, a salinidade era de 0,8 g/L e o teor de fluoreto era elevado, cerca de 1,2 ppt. A amostra também continha espécies bacterianas do tipo coli. Os resultados implicaram que a amostra de água subterrânea continha um nível de TDS e outros parâmetros acima do limite permitido. Por conseguinte, a amostra foi utilizada para estudos adicionais de toxicidade em peixes-zebra.

Quadro 1. Propriedades físico-químicas das amostras de águas subterrâneas na região de Tirupattur.

S.N.	Parâmetros	S1	S2	S3	S4	S5
1.	Temperatura	27,5 C°	28,3 C°	**28,5 C°**	27,7 C°	28,2 C°
2.	pH	7.3	7.1	**7.8**	7.6	7.5
3.	Oxigénio dissolvido (ppt)	0.8	0.82	**0.8**	0.86	0.85
4.	Sólidos dissolvidos (ppt)	0.91	1.11	**1.91**	1.43	1.31
5.	A condutividade eléctrica (ms)	1.87	1.47	**2.64**	2.23	1.98
6.	Salinidade (g de sal por litro)	0.5	0.7	**0.8**	0.5	0.6
7.	Fluoreto (ppt)	0.9	0.7	**1.2**	0.5	0.5

S1-Pachal; S2-Karupanur; S3-Pudhupet; S4-Adiyur; S5-Madavalam.

Fig. 1. Propriedades físico-químicas da amostra de água subterrânea S1 recolhida em Pachal, no distrito de Tirupattur.

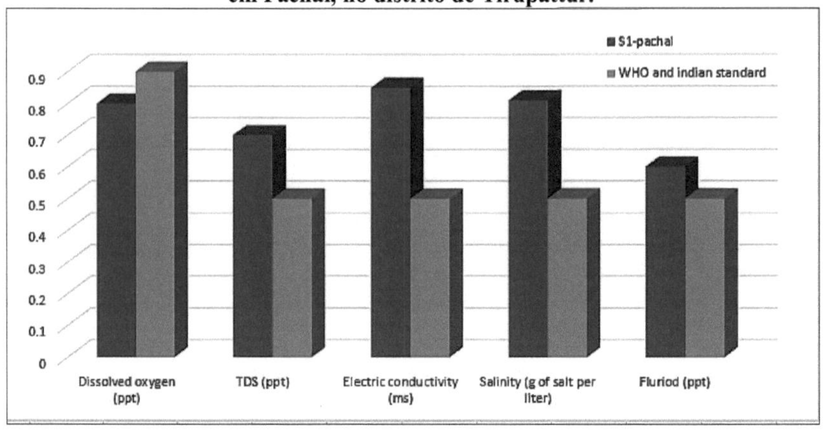

Fig. 2. Propriedades físico-químicas da amostra de água subterrânea S2 recolhida em Karupanur no distrito de Tirupattur.

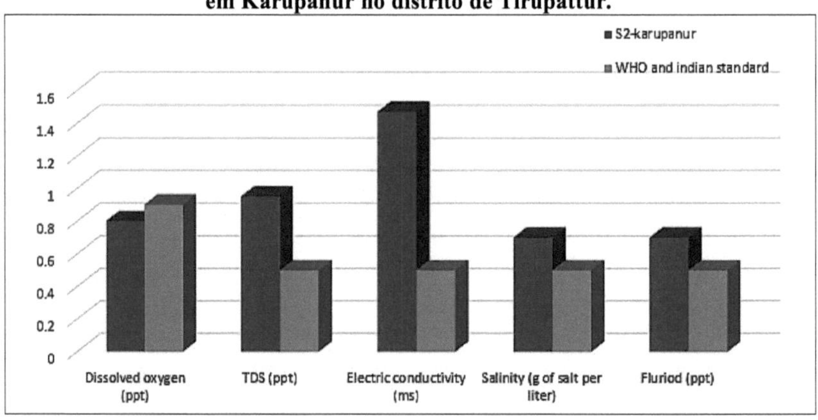

Fig. 3. Propriedades físico-químicas da amostra de água subterrânea S3 recolhida em Pudhupet no distrito de Tirupattur.

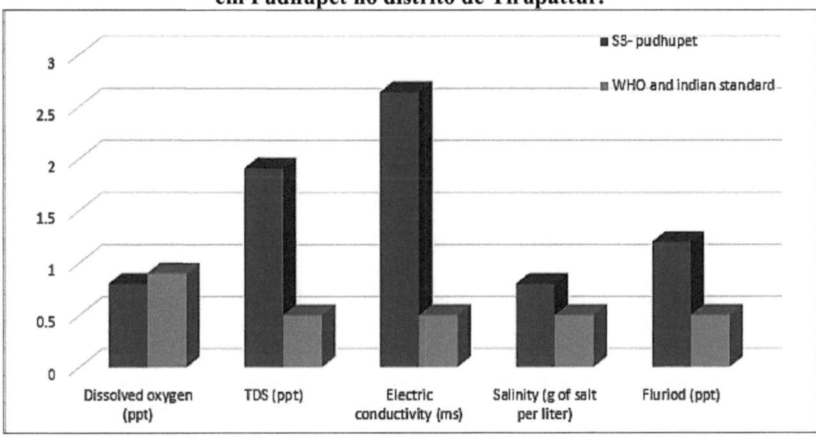

Fig. 4. Propriedades físico-químicas da amostra de água subterrânea S4 recolhida em Adiyur no distrito de Tirupattur.

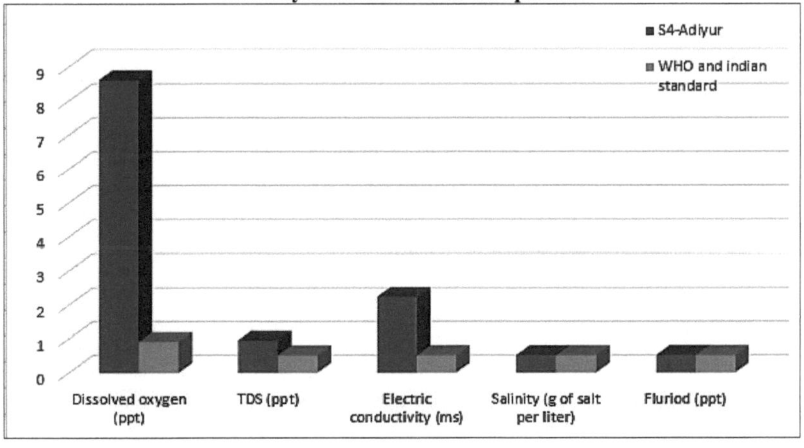

Fig. 5. Propriedades físico-químicas da amostra de água subterrânea S5 recolhida em Madavalam no distrito de Tirupattur.

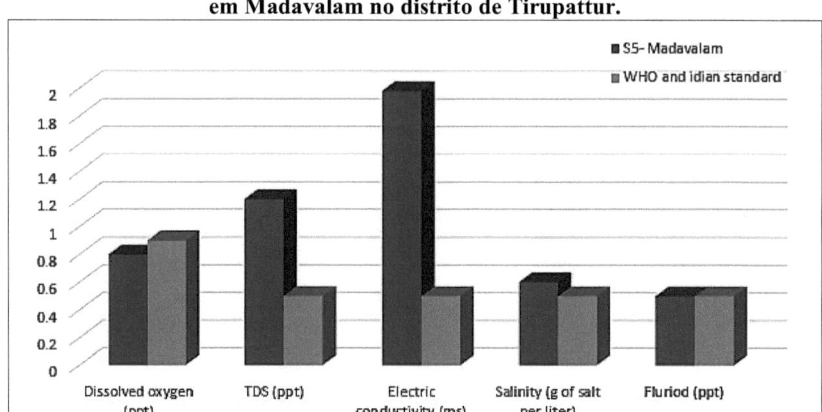

*4.2. **Contagens totais viáveis e número mais provável (NMP) da amostra de água subterrânea:***

Simulando o desenvolvimento do caldo líquido numa diluição de dez vezes, o NMP é utilizado para calcular o número de microrganismos viáveis presentes na amostra S3 recolhida na região de Pudhupet. É frequentemente utilizado para calcular as populações microbianas em produtos agrícolas, cursos de água e solos. Para amostras com partículas que obstruem os métodos de contagem de placas, o teste NMP é particularmente útil. A aplicação mais comum do NMP é para testar a qualidade da água, que estabelece a segurança da água com base na existência de bactérias. O biomarcador da contaminação da água por fezes é um grupo de microrganismos chamado coliformes fecais. Ao contrário da descoberta de uma grande quantidade de bactérias coliformes fecais, que indicaria um risco elevado de a água ser constituída por organismos causadores de doenças e não ser segura para consumo, a presença de muito poucas bactérias coliformes fecais sugeriria que a água está provavelmente livre de organismos causadores de doenças.

NMP significa o número mais provável. Refere-se a uma análise sensorial e quantitativa da água que pode detetar coliformes fecais. A ingestão de E. coli, uma poluição fecal comum encontrada na água, pode causar doenças graves. *A Escherichia coli* é, por conseguinte, utilizada como "indicador de poluição" no âmbito da técnica NMP para avaliar a qualidade da água. Três conjuntos diferentes de métodos, que incluem três etapas de processos presuntivos, completos e confirmatórios, constituem o número mais provável.

Fig. 6. Teste NMP para a amostra de água subterrânea S3 recolhida na região de Pudhupet.

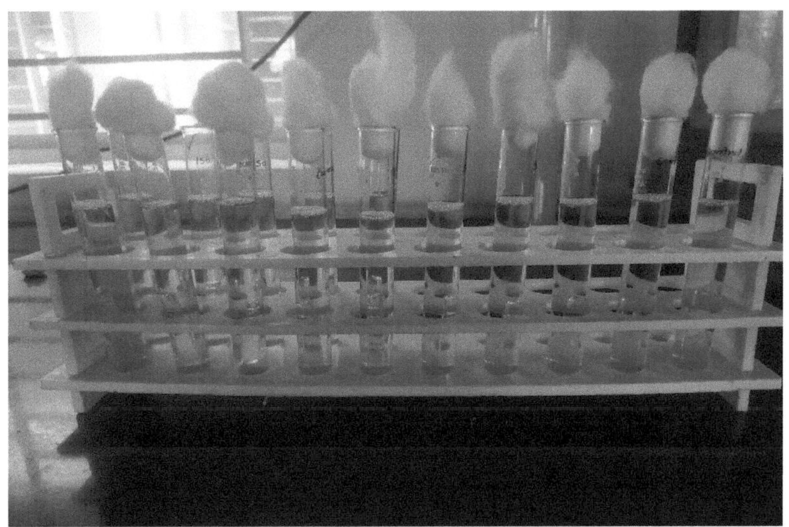

Uma vez que o teste para a presença de bactérias coliformes foi bem sucedido e havia gás no tubo de caldo, bastonetes não formadores de esporos na lâmina de Na, bem como a presença de bactérias gram negativas na amostra de água subterrânea S3 recolhida na região de Pudhupet (Fig. 6).

37

4.3. A histopatologia como instrumento de avaliação da toxicidade no peixe-zebra adulto (Danio rerio):

O estudo das alterações dos tecidos é definido como histopatologia. Este método é útil para detetar efeitos potencialmente deletérios dos compostos num determinado órgão ou tecido. Neste estudo, o intestino, o fígado e a guelra do peixe-zebra foram avaliados em termos de histopatologia (Fig. 7). A amostra de água subterrânea S3 recolhida na região de Pudhupet foi analisada quanto à toxicidade nos órgãos do peixe-zebra durante 30 dias.

Fig. 7. Peixe-zebra (*Danio rerio*) conservado em formaldeído para estudo de toxicidade.

4.3.1. Histopatologia do intestino:

O peixe-zebra tem vilosidades que são rodeadas por uma camada de muco e que constituem o seu intestino. A lâmina própria, que contém as células de defesa, está situada no centro destas vilosidades. Ao longo das vilosidades, encontram-se as células produtoras de muco, denominadas células caliciformes, e os enterócitos, que são responsáveis pela absorção dos nutrientes pelo epitélio e participam na reação imunitária e no equilíbrio osmótico. A mucosa intestinal pode sofrer danos provocados por substâncias tóxicas, que impedem o crescimento celular deste tecido e perturbam a sua fisiologia, como demonstram as alterações histológicas .

A inflamação na lâmina própria é um sinal comum de danos causados por substâncias nocivas no intestino. O que distingue a inflamação é a infiltração de leucócitos, especialmente de neutrófilos, que têm uma morfologia semelhante à dos animais. (citoplasma claro e núcleos multilobados). Os linfócitos e os monócitos, também idênticos aos encontrados nos mamíferos, são outras células inflamatórias encontradas no peixe-zebra. O aumento da hiperémia é corroborado pelo influxo de eosinófilos no tecido provocado pela inflamação. A separação da lâmina própria, que diminui o contacto entre as células inflamadas e os enterócitos, é uma estratégia de defesa para evitar danos provocados pela infiltração de leucócitos nas vilosidades. Após a exposição a compostos extremamente tóxicos, a vacuolização, que pode ser acompanhada de edema, é outra caraterística observada nos enterócitos. A Figura 8 mostra a comparação entre os tecidos do intestino de controlo e os tecidos do intestino expostos a água subterrânea. As secções intestinais expostas a água subterrânea e de controlo são contrastadas. As vilosidades normais, as células caliciformes e a camada muscular são visíveis na mucosa intestinal de controlo. O tecido intestinal exposto à água subterrânea apresenta uma hiperplasia normal dos enterócitos e das células caliciformes, bem como outras alterações histopatológicas (X100).

Figura 8. Histopatologia dos tecidos intestinais de controlo e expostos à água subterrânea.

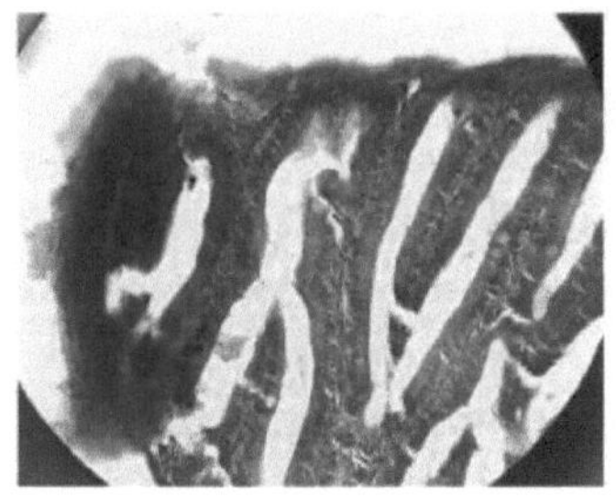 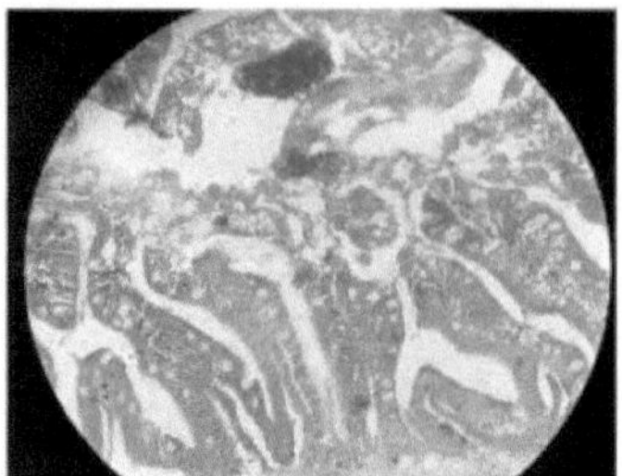

Control   GW Exposed

4.3.2. Histopatologia do fígado:

Os cordões hepáticos são constituídos pelos hepatócitos, que são as principais células do fígado do peixe-zebra. Estas células funcionam no processo de digestão de hidratos de carbono, lípidos, proteínas e vitaminas no peixe-zebra, tal como nos animais superiores, bem como na desintoxicação de substâncias xenobióticas. Os hepatócitos são responsáveis pela produção da bílis, que é transportada através dos canais biliares. O fígado contém muitas e numerosas artérias sanguíneas.

Os hepatócitos apresentam frequentemente vacuolização do citoplasma, causada pela redução das reservas de glicogénio e pela acumulação de lípidos, podendo ser provocada pela ação de substâncias tóxicas. Pensa-se que o funcionamento normal do fígado é afetado por este mecanismo. No entanto, a redução das reservas de glicogénio não deve ser considerada isoladamente, uma vez que o peixe-zebra tem um metabolismo acelerado devido ao seu pequeno tamanho e elevado nível de agilidade, que pode utilizar o glicogénio se o organismo estiver suficientemente ativo.

Quando ocorrem alterações funcionais nos hepatócitos, é comum observar alterações na morfologia dos núcleos, como a formação de vacúolos e atrofia, que podem vir antes da picnose (diminuição e encurvamento dos núcleos que precede a morte) e da degeneração celular. Pelo contrário, a hipertrofia dos núcleos sugere um elevado nível de metabolismo nas células hepáticas, que pode ser provocado pela exposição a toxinas. Com o envelhecimento dos hepatócitos, observa-se uma diminuição relativa do número de núcleos, o que se pensa ser uma estratégia de defesa.

As substâncias tóxicas também podem afetar a excreção da bílis, levando à colestase, um sinal de disfunção hepática. Histopatologicamente, esta situação é demonstrada pela existência de pigmento castanho no interior das células, que está relacionado com a falha na excreção do pigmento biliar causada por uma capacidade reduzida de ligação entre a bilirrubina e o ácido glucurónico.

O aumento do número de veias e a hiperemia, que são mecanismos activados para aumentar o fluxo de sangue para o fígado e, consequentemente, aumentar o fornecimento de nutrientes e oxigénio na região afetada, evitando a hipóxia, são outras alterações frequentes. Finalmente, a necrose dos tecidos e a rutura dos vasos sanguíneos podem ocorrer se os animais tiverem sido submetidos a grandes concentrações de uma substância tóxica. A secção faz referência às alterações tecidulares do fígado e à histologia típica do órgão. A Figura 9 mostra a comparação entre tecidos hepáticos de controlo e expostos a águas subterrâneas. As secções de fígado de controlo e expostas a água subterrânea são contrastadas. As artérias sanguíneas, os canais biliares e os hepatócitos normais são visíveis no tecido hepático de controlo. O tecido hepático exposto à GW apresentava as alterações histopatológicas habituais de hiperemia, vacuolização e necrose. (X100).

Figura 9. Histopatologia dos tecidos hepáticos de controlo e expostos a água subterrânea.

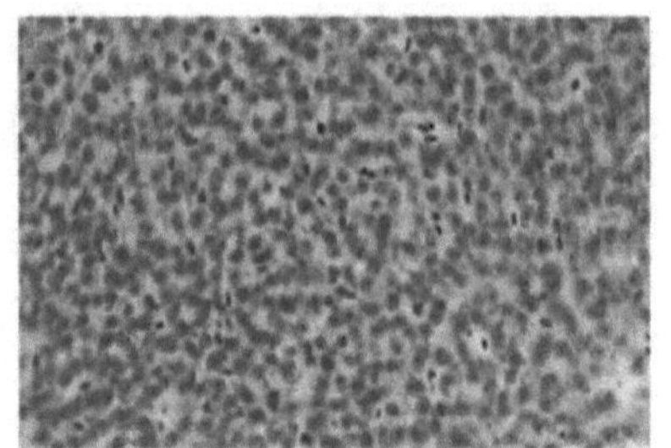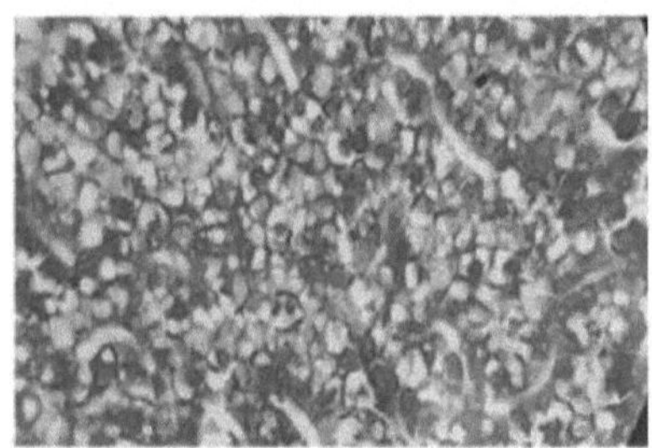

Control   GW Exposed

4.3.2. Histopatologia das brânquias:

A faringe do peixe-zebra tem os quatro arcos branquiais, um de cada lado. Cada um tem dois pares de filamentos, e os filamentos, por sua vez, têm lamelas secundárias em ambos os lados. A água entra primeiro no corpo através do canal oral, depois passa pela garganta e pelas brânquias, onde se efectuam as trocas gasosas. O músculo vestibular contrai-se e relaxa, o que faz com que o opérculo se desloque, empurrando a água. As lamelas principais (filamentos branquiais) encontram-se no meio das brânquias, que são constituídas por tecido cartilaginoso que suporta os sinusos venosos.

A faringe do peixe-zebra tem os quatro arcos branquiais, um de cada lado. Cada um tem dois pares de filamentos, e os filamentos, por sua vez, têm lamelas secundárias em ambos os lados. A água entra primeiro no corpo através do canal oral, depois passa pela garganta e pelas brânquias, onde se efectuam as trocas gasosas. O músculo vestibular contrai-se e relaxa, o que faz com que o opérculo se desloque, empurrando a água. As lamelas principais (filamentos branquiais) encontram-se no meio das brânquias, que são constituídas por tecido cartilaginoso que suporta o seio venoso.

As brânquias são responsáveis pelas trocas gasosas na água, bem como pela excreção de resíduos. Devido à sua grande sensibilidade às toxinas, este órgão sofre alterações normais nos tecidos quando exposto a elas. A deslocação das células epiteliais da lamela é uma das primeiras alterações notadas e esta mudança pode ser um esforço do animal aquático para se ajustar às novas condições do ambiente em curso. A água acumula-se na zona onde se encontram as lamelas e o tecido epitelial deslocado, causando edema, que pode prejudicar o funcionamento deste órgão e levar o animal a sufocar.

O tamanho das células epiteliais pode aumentar em consequência da alteração da função das brânquias. (hiperplasia). É possível que as lamelas secundárias se fundam como resultado da hipertrofia. Esta caraterística restringe o fluxo de sangue e água para diminuir a carga de trabalho das células das lamelas. No entanto, resulta numa deficiência de oxigenação e pode resultar na morte do animal. As células de cloreto são responsáveis pelo bombeamento de iões de sódio e cloreto para o peixe, de modo a manter o seu equilíbrio osmótico, e estão situadas na base das lamelas secundárias. Como o organismo tenta adaptar-se aumentando a transferência de sódio e cloreto para o sangue a fim de restaurar a homeostase, a hiperplasia dessas células pode, portanto, sugerir uma falta de equilíbrio osmótico no peixe.

A célula pilar é mais uma célula vital para a manutenção da circulação sanguínea. A instabilidade do fluxo sanguíneo e a degenerescência das lamelas podem ser provocadas por alterações da sua função normal. A distensão progressiva das células pilares pode provocar aneurismas, hemorragias e insuficiência dos tecidos branquiais. A destruição da função dos tecidos resulta da degenerescência das células lamelares induzida por uma toxicidade elevada, pelo que, se se observar necrose, a dose da substância testada é extremamente tóxica. Tecido branquial ótimo e alterações tecidulares importantes provocadas pela toxicidade.

A figura 9 mostra a comparação entre os tecidos das brânquias de controlo e os tecidos das brânquias expostas à água subterrânea. Tecido branquial de controlo com lamelas primárias normais, lamelas secundárias e cartilagem de suporte dos sinusóides venosos. Tecido branquial exposto a águas subterrâneas com alterações histopatológicas típicas, tais como aneurisma e deslocação de células epiteliais (X100).

Figura 10. Histopatologia dos tecidos das brânquias de controlo e expostos à água subterrânea.

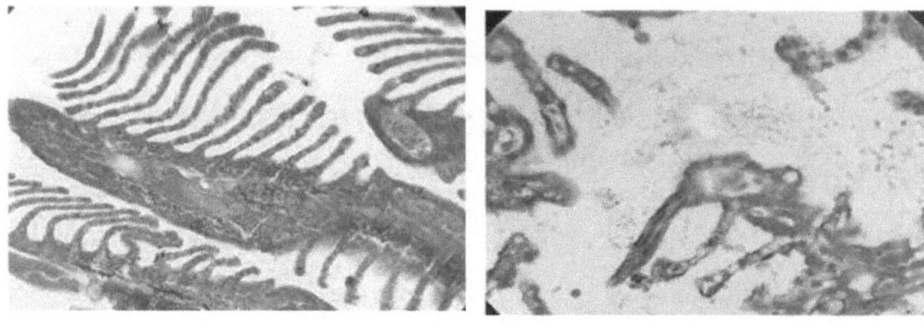

4.4. Formulação do Bio-Filtro:

A água com um teor elevado de sólidos dissolvidos totais (TDS), superior a 1800 ppm, foi deixada passar através do leito da coluna de filtração a uma velocidade de 1 ml por minuto. Quando a filtração foi concluída, o filtrado foi estimado para TDS e encontrado entre 300 e 500 ppm. Além disso, o pH da amostra de água inicial era básico entre 8,0 e 9,0 devido à presença e decomposição de matéria orgânica que contribuiu para o aumento do teor de TDS. No entanto, após a filtração, os encapsulados bacterianos, o carvão ativado e os polímeros de quitosano reduziram a matéria orgânica total e o pH final foi reduzido para 6,8, o que é desejável para fins de consumo. A água filtrada recolhida foi avaliada quanto à presença de coliformes. Os resultados indicaram que não há coliformes presentes e, por conseguinte, a água resultante é água potável como resultado deste estudo.

Figura 10. Água subterrânea passando pela coluna de biofiltros.

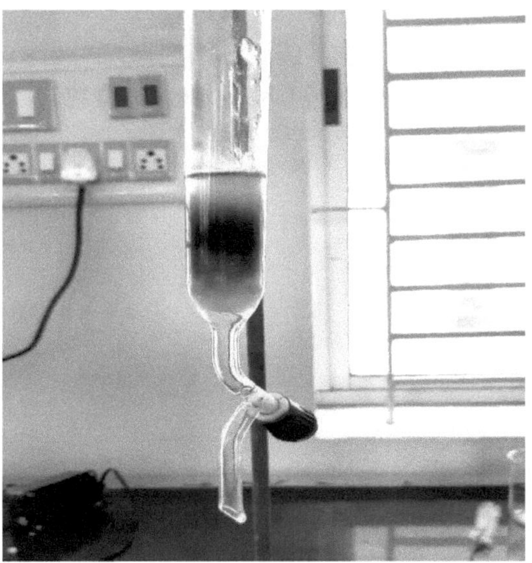

5. CONCLUSÃO

- Cinco amostras diferentes de água foram recolhidas na região de Tirupattur e avaliadas quanto às suas propriedades físico-químicas.

- Verificou-se que a amostra S3 recolhida na região de Pudhupet tinha um TDS elevado e a amostra foi selecionada para estudos histopatológicos em peixes-zebra.

- As amostras de água subterrânea foram verificadas quanto à toxicidade nos órgãos acima referidos do peixe-zebra durante 30 dias.

- Tecido intestinal de controlo com vilosidades, células caliciformes e camada muscular normais. Tecido intestinal exposto a GW com alterações histopatológicas típicas, como hipertrofia dos enterócitos e hiperplasia das células caliciformes.

- Tecido hepático de controlo mostrando hepatócitos normais; vasos sanguíneos e canais biliares. Tecido hepático exposto à GW com alterações histopatológicas típicas, tais como hiperemia, vacuolização e necrose.

- Tecido branquial de controlo com lamelas primárias normais, lamelas secundárias e cartilagem de suporte dos sinusóides venosos. Tecido branquial exposto à GW com alterações histopatológicas típicas, tais como aneurisma e deslocação de células epiteliais.

- Foi formulado um bio-filtro que mostrou uma diminuição do TDS de 1800 para 500 ppm.

- Os resultados indicaram que não estão presentes coliformes e, por conseguinte, a água resultante é água potável, como resultado deste estudo.

<u>REFERÊNCIAS</u>

1. Poon KL, Brand T. The zebrafish model system in cardiovascular research: A tiny fish with mighty prospects. Ciência e Prática da Cardiologia Global. 2013;2013(1):4

2. dos Santos VF, Duarte JL, Pinho Fernandes C, Keita H, Rafael Rodríguez Amado J, Arturo Velázquez-Moyado J, et al. Utilização do peixe-zebra (Danio rerio) em modelos experimentais para ensaios biológicos com produtos naturais. Revista Africana de Farmácia e Farmacologia. 2016;10(42):883-891

3. Huang SY, Feng CW, Hung HC, Chakraborty C, Chen CH, Chen WF, et al. Um novo modelo de peixe-zebra para fornecer informações mecanicistas sobre os eventos inflamatórios no edema abdominal induzido por carragenina. PLoS One. 2014;9(8):e104414

4. Howe K, Clark MD, Torroja CF, Torrance J, Berthelot C, Muffato M, et al. The zebrafish reference genome sequence and its relationship to the human genome. Nature. 2013;496(7446):498-503

5. Carvalho JCT, Keita H, Santana GR, de Souza GC, dos Santos IVF, Amado JRR, et al. Efeitos do veneno de Bothrops alternatus em zebrafish: Um estudo histopatológico. Inflammo pharmacology. 2018 Feb 17;26(1):273-284. DOI: 10.1007/s10787-017-0362-z

6. Heath AG. Water Pollution and Fish Physiology. Boca Raton: CRC Press; 2018. Disponível em: https://www.taylorfrancis.com/books/9781351404990

7. Menke AL, Spitsbergen JM, Wolterbeek APM, Woutersen RA. Anatomia e histologia normais do peixe-zebra adulto. Toxicologic Pathology. 2011;39(5):759-775

8. Vliegenthart ADB, Tucker CS, Del Pozo J, Dear JW. Zebrafish as model organisms for studying drug-induced liver injury. British Journal of Clinical Pharmacology. 2014;78(6):1217-1227

9. Borges RS, Keita H, Ortiz BLS, dos Santos Sampaio TI, Ferreira IM, Lima ES, et al. Atividade anti-inflamatória de nanoemulsões de óleo essencial de Rosmarinus officinalis L.: estudos in vitro e em zebrafish. Inflammo pharmacology. 2018;26(4):1057-1080. DOI: 10.1007/s10787-017-0438-9

10. Scholz S, Fischer S, Gündel U, Küster E, Luckenbach T, Voelker D. The zebrafish embryo model in environmental risk assessment-Applications beyond acute toxicity testing. Environmental Science and Pollution Research. 2008;15(5):394-404

11. de Souza GC, Duarte JL, Fernandes CP, Velázquez-Moyado J, Navarrete A, JCT C. Obtenção e estudo da toxicidade da nanoemulsão de álcool perílico em Zebrafish (Danio rerio). Journal of Nanomedicine Research. 2016;4(4):18-20. Disponível em: http://medcraveonline.com/JNMR/JNMR-04-00093.php

12. Van Der Ven LTM, Van Den Brandhof EJ, Vos JH, Power DM, Wester PW. Efeitos do agente antitiroideu propiltiouracil num ensaio de ciclo de vida parcial com peixe-zebra. Environmental Science & Technology. 2006;40(1):74-81

13. Velasco-Santamaría YM, Korsgaard B, Madsen SS, Bjerregaard P. Bezafibrate, um fármaco hipolipemiante, como potencial desregulador endócrino no peixe-zebra macho (Danio rerio). Aquatic Toxicology. 2011;105(1-2):107-118

14. de Souza GC, Matias Pereira AC, Viana MD, Ferreira AM, da Silva IDR, de Oliveira MMR, et al. Acmella oleracea (L) R. K. Jansen reproductive toxicity in zebrafish: Uma avaliação in vivo e in silico. Medicina Complementar e Alternativa baseada em evidências. 2019;2019:1-19.

15. Cheepurupalli L, Raman T, Rathore SS, Ramakrishnan J. Bioactive molecule from streptomyces sp. mitigates MDR Klebsiella pneumoniae in zebrafish infection model. Fronteiras em Microbiologia. 2017;8:1-15

16. Jianjie C, Wenjuan X, Jinling C, Jie S, Ruhui J, Meiyan L. O flúor causou uma perturbação endócrina da tiroide no peixe-zebra macho (Danio rerio). Toxicologia Aquática. 2016;171:48-58

17. Barillet S, Larno V, Floriani M, Devaux A, Adam-Guillermin C. Ultrastructural effects on gill, muscle, and gonadal tissues induced in zebrafish (Danio rerio) by a waterborne uranium exposure. Aquatic Toxicology. 2010;100(3):295-302. DOI: 10.1016/j.aquatox.2010.08.002

18. Hou LP, Yang Y, Shu H, Ying GG, Zhao JL, Chen YB, et al. Alterações na histopatologia, actividades enzimáticas e expressão de genes relevantes no peixe-zebra (Danio rerio) após exposição prolongada a níveis ambientais de tálio. Boletim de Contaminação Ambiental e Toxicologia. 2017;99(5):574-581. DOI: 10.1007/s00128-017-2176-5

19. Hussainzada N, Lewis JA, Baer CE, Ippolito DL, Jackson DA, Stallings JD. Whole adult organism transcriptional profiling of acute metal exposures in male zebrafish. BMC Farmacologia e Toxicologia. 2014;15(1):1-15

20. Qian L, Zhang J, Chen X, Qi S, Wu P, Wang C, et al. Efeitos tóxicos do boscalide no peixe-zebra adulto (Danio rerio) sobre o metabolismo dos hidratos de carbono e dos lípidos. Environmental Pollution. 2019;247:775-782. DOI: 10.1016/j.envpol.2019.01.054

21. Liu C, Su G, Giesy JP, Letcher RJ, Li G, Agrawal I, et al. A exposição aguda ao fosfato de tris(1,3-dicloro-2-propil) (TDCIPP) causa inflamação hepática e

conduz à hepatotoxicidade no peixe-zebra. Scientific Reports. 2016;6:1-11. DOI: 10.1038/srep19045

22. Madureira TV, Rocha MJ, Cruzeiro C, Rodrigues I, Monteiro RAF, Rocha E. O potencial de toxicidade de fármacos encontrados no estuário do rio Douro (Portugal): Avaliação dos impactos no fígado dos peixes, por histopatologia, estereologia, imunohistoquímica da vitelogenina e CYP1A, após exposição sub-aguda do modelo zebrafish. Toxicologia e Farmacologia Ambiental. 2012;34(1):34-45. DOI: 10.1016/j.etap.2012.02.007

23. Du Y, Shi X, Liu C, Yu K, Zhou B. Efeitos crónicos da exposição a PFOS de origem hídrica no crescimento, sobrevivência e hepatotoxicidade do peixe-zebra: Um teste de ciclo de vida parcial. Chemosphere. 2009;74(5):723-729. DOI: 10.1016/j.chemosphere.2008.09.075

24. Osborne OJ, Lin S, Chang CH, Ji Z, Yu X, Wang X, et al. Toxicidade das nanopartículas de Ag específica de cada órgão e dependente do tamanho nas brânquias e nos intestinos do peixe-zebra adulto. ACS Nano. 2015;9(10):9573-9584

25. Renieri EA, Sfakianakis DG, Alegakis AA, Safenkova IV, Buha A, Matović V, et al. Respostas não lineares à exposição ao cádmio transportado pela água no peixe-zebra. Um estudo in vivo. Pesquisa Ambiental. 2017;157:173-181

26. Vesna P, Mitrovic-Tutundzic V. Fish gills as a monitor of sublethal and chronic effects of pollution. In: Sublethal and Chronic Effects of Pollutants on Freshwater Fish. Oxford: Fishing News Books; 1994. pp. 339-352

27. Streisinger, G., Walker, C., Dower, N., Knauber, D. & Singer, F. Production of clones of homozygous diploid zebra fish (Brachydanio rerio). *Nature* **291**, 293-296 (1981).

28. Grunwald, D. J. & Streisinger, G. Indução de mutações recessivas letais e de locus específico no peixe-zebra com etil nitrosouréia. *Genet. Res.* **59**, 103-116 (1992).

29. Kimmel, C. B. Genetics and early development of zebrafish (Genética e desenvolvimento inicial do peixe-zebra). *Trends Genet.* **5**, 283-288 (1989).

30. Haffter, P. et al. The identification of genes with unique and essential functions in the development of the zebrafish, Danio rerio. *Desenvolvimento* **123**, 1-36 (1996).

31. Kim, C. H. et al. A atividade repressora de Headless/Tcf3 é essencial para a formação da cabeça dos vertebrados. *Nature* **407**, 913-916 (2000).

32. Doyon, Y. et al. Heritable targeted gene disruption in zebrafish using designed zinc-finger nucleases. *Nat. Biotechnol.* **26**, 702-708 (2008).

33. Meng, X., Noyes, M. B., Zhu, L. J., Lawson, N. D. & Wolfe, S. A. Targeted gene inactivation in zebrafish using engineered zinc-finger nucleases. *Nat. Biotechnol.* **26**, 695-701 (2008).

34. Bedell, V. M. et al. Edição do genoma in vivo utilizando um sistema TALEN de elevada eficiência. *Nature* **491**, 114-118 (2012).

35. Hsu, P. D., Lander, E. S. & Zhang, F. Desenvolvimento e aplicações de CRISPR-Cas9 para a engenharia do genoma. *Cell* **157**, 1262-1278 (2014).

36. Jinek, M. et al. Uma endonuclease de ADN programável guiada por ARN duplo na imunidade bacteriana adaptativa. *Science* **337**, 816-821 (2012).

37. Mali, P. et al. Engenharia do genoma humano guiada por RNA via Cas9. *Science* **339**, 823-826 (2013).

38. Varshney, G. K., Sood, R. & Burgess, S. M. Understanding and Editing the Zebrafish Genome. *Adv. Genet.* **92**, 1-52 (2015).

39. Sung, Y. H. et al. Eliminação de genes altamente eficiente em ratos e zebrafish com endonucleases guiadas por RNA. *Genome Res.* **24**, 125-131 (2014).

40. Postlethwait, J. H. et al. Vertebrate genome evolution and the zebrafish gene map. *Nat. Genet.* **18**, 345-349 (1998).

41. Howe, K. et al. A sequência do genoma de referência do peixe-zebra e a sua relação com o genoma humano. *Nature* **496**, 498-503 (2013).

42. Shin, J. T. & Fishman, M. C. From Zebrafish to human: modular medical models. *Annu Rev. Genomics Hum. Genet.* **3**, 311-340 (2002).

43. Lieschke, G. J. & Currie, P. D. Animal models of human disease: zebrafish swim into view. *Nat. Rev. Genet* **8**, 353-367 (2007).

44. Kwan, K. M. et al. The Tol2kit: a multisite gateway-based construction kit for Tol2 transposon transgenesis constructs. *Dev. Dyn.* **236**, 3088-3099 (2007).

45. Halpern, M. E. et al. Ferramentas transgénicas Gal4/UAS e sua aplicação ao peixe-zebra. *Zebrafish* **5**, 97-110 (2008).

46. Langenau, D. M. et al. Modelo de peixe-zebra transgénico regulado por Cre/lox com leucemia linfoblástica aguda de células T induzida por myc condicional. *Proc. Natl Acad. Sci. USA* **102**, 6068-6073 (2005).

47. Santoro, M. M. O peixe-zebra como modelo para explorar o metabolismo celular. *Trends Endocrinol. Metab.* **25**, 546-554 (2014).

48. Nakayama, H. et al. Produtos naturais anti-obesidade testados em testes obesogénicos juvenis de peixe-zebra e em ensaios de adipogénese de ratinho 3T3-L1. *Molecules* **25**, (2020).

49. Misselbeck, K. et al. A network-based approach to identify deregulated pathways and drug effects in metabolic syndrome. *Nat. Commun.* **10**, 5215 (2019).

50. Asaoka, Y., Terai, S., Sakaida, I. & Nishina, H. The expanding role of fish models in understanding non-alcoholic fatty liver disease. *Dis. Model Mech.* **6**, 905-914 (2013).

51. Nakayama, H. et al. Novas propriedades anti-obesidade da palmaria mollis em modelos de peixe-zebra e rato. *Nutrientes* **10**, (2018).

Printed by Books on Demand GmbH, Norderstedt / Germany